我的第一本科学漫画书

科学实验王

升级版

KEXUE SHIYAN WANG

21 氧化与还原
YANGHUA YU HUANYUAN

[韩] 故事工厂/著
[韩] 弘钟贤/绘
霍 慧/译

U0270898

21 二十一世纪出版社集团
21st Century Publishing Group

通过实验培养创新思考能力

少年儿童的科学教育是关系到民族兴衰的大事。教育家陶行知早就谈到："科学要从小教起。我们要造就一个科学的民族，必要在民族的嫩芽——儿童——上去加工培植。"但是现代科学教育因受升学和考试压力的影响，始终无法摆脱以死记硬背为主的架构，我们也因此在培养有创新思考能力的科学人才方面，收效不是很理想。

在这样的现实环境下，强调实验的科学漫画《科学实验王》的出现，对老师、家长和学生而言，是件令人高兴的事。

现在的科学教育强调"做科学"，注重科学实验，而科学教育也必须贴近孩子们的生活，才能培养孩子们对科学的兴趣，发展他们与生俱来的探索未知世界的好奇心。《科学实验王》这套书正是符合了现代科学教育理念的。它不仅以孩子们喜闻乐见的漫画形式向他们传递了一般科学常识，更通过实验比赛和借此成长的主角间有趣的故事情节，让孩子们在快乐中接触平时看似艰深的科学领域，进而享受其中的乐趣，乐于用科学知识解释现象，解决问题。实验用到的器材多来自孩子们的日常生活，便于操作，例如水煮蛋、生鸡蛋、签字笔、绳子等；实验内容也涵盖了日常生活中经常应用的科学常识，为中学相关内容的学习打下基础。

回想我自己的少年儿童时代，跟现在是很不一样的。我到了初中二年级才接触到物理知识，初中三年级才上化学课。真羡慕现在的孩子们，这套"科学漫画书"使他们更早地接触到科学知识，体验到动手实验的乐趣。希望孩子们能在《科学实验王》的轻松阅读中爱上科学实验，培养创新思考能力。

北京四中 物理教研组组长 物理高级教师 **厉璀琳**

目录

人物介绍

范小宇

所属单位： 黎明小学实验社

观察内容：

· 生平第一次泪如泉涌。

· 出乎意料地爱干净，习惯每天早晨洗澡。

· 爱惜那辆"古董级"自行车如同爱惜自己的双腿。

观察结果： 正经历着一场无与伦比的成长期的痛苦。

罗心怡

所属单位： 黎明小学实验社

观察内容：

· 在小宇最脆弱的时候，送去了都不曾为士元做过的"爱心早餐"。

· 大家都在找柯老师时，她独自一人到处寻找艾力克。

观察结果： 比任何人都清楚小宇出事当天的情况，且不认为那是一起单纯的意外事故。

江士元

所属单位： 黎明小学实验社

观察内容：

· 素来头脑冷静，因此成为"寻找柯老师计划"的总指挥。

· 所有可疑的情况和举动，对于他来说都是线索。

· 受不了过于看重情面的小宇。

观察结果： 深知"不懂变通，终遭淘汰"的道理，因此真心实意地给小宇提出了一个小忠告。

何聪明

所属单位：黎明小学实验社

观察内容：

· 不知不觉中依赖着小宇。

· 不想再输掉比赛。

观察结果：尽管当初头脑一热进了实验社，但后来认为进入实验社的那天是人生中最美好的一天，可见现在的他已经爱上了实验。

艾力克

所属单位：大星小学实验社

观察内容：

· 他就像《化身博士》中的杰基尔博士和海德一样，处于矛盾之中。

· 来韩国参加实验大赛的目的只有一个。

· 比赛中从不听取其他成员的意见，只按照自己的想法做实验。

观察结果：面对坚如磐石的黎明小学，徘徊不定的他受到了莫大的打击。

田在远

所属单位：未来小学实验社

观察内容：

· 在期待已久的决赛中表现出了最高的水平。

· 不鸣则已，一鸣惊人。

观察结果：凡是与实验有关的事情，都会高度重视且认真对待，即使在积攒唾液时也是如此。

❶ ❷ ❸ ❹

其他登场人物

❶ 感觉到一股异常气息正笼罩着比赛的许大弘。

❷ 因对艾力克一无所知而备受煎熬的罗敏。

❸ 一引诱就会上钩的黎明小学校长。

❹ 了解柯老师过去经历的敏博士。

第一部 艾力克的选择

一句话不说就玩消失，太离谱了！

这简直是让我们难堪嘛！

接下来入场的是——大星小学！

别吵了！已经够心烦了！

况且比赛还没开始，再等等吧！

要来早来了！

爆发！！

不来至少也应该提前打个招呼吧！难道这样起码的尊重他都不懂？

不对吗？我说错了吗？

啊，嗯……

你怎么了？居然在"思考"？这不是你的作风呀！

关于这个，我也……

对决时如果老师不在场，就没有比赛的意义了！

难道是因为柯老师才不来吗？

那么在你心中，我们究竟算什么？

很生气！

还有完没完啊？

喂，生气也不是你的作风呀！

最惨的话，

咱们可能也会像黎明小学一样，在指导教师不在场的情况下进行比赛，所以……

为什么偏偏跟黎明小学比？！

他们可是在首轮就输了比赛！

!!

咱们的情况更糟！

13

我是说今天的主题！

居然是"变化"。

决赛竟然出这么荒谬的题目……

变化是实验的终极现象，所有的实验都会得到一个与最初状态不同的结果。

也就是说，任何实验都符合"变化"这一主题。

这倒是。

我考虑了一下……

做一个证明"发生了化学变化，但成分比例不变"的定比定律实验怎么样？

比如，生成碘化铅沉淀之类的实验……

不！面对这种特殊的主题，决不能做那么平凡的实验！

硝酸铅溶液

碘化钾溶液

嗯……

?!

脱

嚓啦

骚动

惊呼

这衬衫是奶奶亲手做的。

轻轻

还有这纽扣,

是奶奶小时候在实验大赛上取得的纪念章。

你想做什么?

艾……艾力克!

啪

吓我一跳，看他脱实验服，还以为他要放弃比赛呢！

原来是要把纽扣当实验材料啊！

喧哗

喧哗

喧哗

哈哈……

闹哄哄

这么说他们有希望加分喽？

是啊！

根据比赛规则，赛场内的所有物品均可拿来做实验。

加分倒不见得，不过……迄今为止，历届大赛的决赛中不使用大赛准备物品进行实验的队伍共有三支。

他们分别用了赛场内的花盆、观众丢弃的易拉罐以及评审的钢笔。

哈哈……

而且这三支队伍无一例外，

全部夺得了大赛冠军。

嘻嘻……

实验 1 砂糖的变化

　　化学反应是指物质不仅表面形态发生变化，而且变化后会生成完全不同的新物质。化学反应在日常生活中比比皆是，比如，蜡烛燃烧时产生水和二氧化碳、牛奶发酵变成酸奶，以及铁生锈现象等。下面，我们就通过简单的小实验来观察一下化学反应吧！

实验用品 砂糖 、加热器具 、锡纸盘 、杯子 、勺子 、筷子

❶ 向装有水的杯子里放入一勺砂糖，搅拌使砂糖溶化。

❷ 在锡纸盘上也放一勺砂糖，用小火缓缓加热。（请在家长陪同下操作）

❸ 分别品尝糖水与烧焦的糖，会发现糖水是甜的，烧焦的糖带有苦味。

苦的!

物质的状态发生改变，但性质不变，没有生成新物质，这种反应叫作物理反应。在这两个实验中，砂糖溶于水的实验是发生了物理反应，虽然砂糖的状态发生了变化，但性质没变，因此会保持砂糖原有的甜味。而砂糖被加热的实验发生的是化学反应。砂糖是由碳、氢、氧三种化学元素组成的碳水化合物，加热后，水和碳的结合被破坏,水分从砂糖中逸出,剩下的只有褐色的碳固体了，因此会产生苦味。

实验 2 吃掉鸡蛋的酶

我们一日三餐就是为了通过摄取食物获取维持生命的能量。然而由于食物分子太大，不可能直接转化为能量，因此需要经过消化作用，将食物转化为人体可以吸收的营养素。负责消化作用的器官会产生一种叫作"消化酶"的化学物质帮助我们消化。让我们一起通过实验来认识一下酶的作用吧!

实验用品 煮鸡蛋、天然皂粉、普通洗衣粉、两个玻璃瓶、热水、刀、贴纸、笔、纸、透明胶带

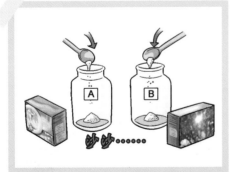

❶ 向两个玻璃瓶中分别放入一勺天然皂粉和一勺普通洗衣粉，贴上贴纸并做好标识。

❷ 分别向两个玻璃瓶内倒入足量的热水，并搅拌至粉末颗粒完全消失。

❸ 将煮熟的鸡蛋去壳，从中间切成两半，除去蛋黄，将两块蛋清分别放入两个玻璃瓶中。

❹ 用纸将两个玻璃瓶外壁包裹好，放置在温暖的地方。

❺ 待2~3天后，从瓶中取出蛋清，观察两块蛋清的大小，你会发现，放在天然皂粉溶液中的蛋清明显缩小了许多。

这是什么原理呢?

天然皂粉中的酶可以更有效地去除衣物上的污渍，这是因为脂肪酶和蛋白酶可以分解人体产生的油垢和蛋白质污垢。蛋清变小也是基于同样的原理，而消化器官分泌的消化酶就扮演着分解食物的角色。

第二部 那次事故

哇啊……… 哇啊啊啊………

嘈杂……… 嘈杂………

两个月前，就在大赛开始的前夕，黎明小学实验社在练习实验时发生了事故，一名学生身上着了火并昏了过去。

这到底是什么意思？

你……还好意思说！

我本来不想往事重提的，黎明小学的主力受伤了，你都没来看看我！

喂，当时士元不是在住院吗！

是……是吗？

好吧！那大哥我就再给你讲一遍当时的情形吧！

当时我们各自在做自己想做的实验，我做的是难度最高的生成碘化铅的实验。实验过程中撞到了正在做燃烧反应实验的心怡，

噜噜 噜噜

冤啊

着火

嗒嗒嗒

碘化钾溶液着了火，我也因此被送进了急救室。

因为碘化钾溶液着火而昏迷？

43

可是去哪儿找呢？有能想到的地方吗？

那就得去问校长了！

这个，当然……

说到校长，你们不觉得那段时间他有点儿不对劲吗？

这样想来……

柯老师因为得了特别严重的感冒……

心虚

那我先走了！

我们的炒年糕呢？

确实不太对劲！

明明知道事实真相，却总是装作一无所知的校长肯定知道柯老师在哪儿！

热火朝天

没错！

小宇，你真是天才！

然后呢？

把柯老师找回来又能怎样？都已经是委员会裁定的事了！能不能别那么幼稚？

啊啊啊啊

泼冷水

那怎么办？总不能袖手旁观？

我们只要找到柯老师就行！剩下的事情艾力克说他会解决，他能让柯老师恢复原职。

艾力克？

暂且相信那家伙一次。

艾力克？

这份文件也是艾力克给的！

嗯！

艾力克身兼指导教师的职务，应该有办法的！

而且他比谁都想让柯老师恢复原职！

好了，没时间了！赶紧去找校长！

冲

好！

校长到现在还在隐瞒事实呢……

顿住

你们就这样跑去问，他能乖乖地告诉你们？

僵……………

你要是再泼冷水就走开！

气愤

你那模范生式的语气听得我耳朵都长茧了！

我是想说稍微动动脑子，

就会让你的身体少受些罪！

什么？怎么动？

怒气…………

48

看来他要把这两种物品放进盛有硝酸银溶液的烧杯里。

慢慢……

这时的铜纪念章和银板有电流经过，所以一接触就会短路并产生火花，因此要格外注意，避免两者在溶液中发生碰触。

紧张

这样的话，难道是……

哇！颜色慢慢变了。

点头

......

哇啊啊啊

偷瞄

BIOLOGY CHEMISTRY SCIENCE

好了，我这里已经准备好了！

捣碎

捣碎

把土豆切开、捣碎，经过物理变化后，成了土豆汁。

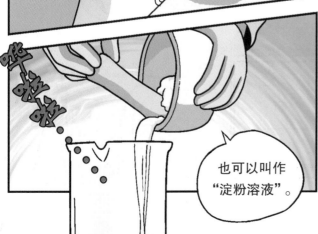

你也准备好了吧？

也可以叫作"淀粉溶液"。

递

当……当然！

吐吐吐

骚动

好恶心，那是什么啊？

骚动

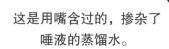

这是用嘴含过的，掺杂了唾液的蒸馏水。

也叫"唾液稀释液"。

放……

在正式做实验之前，先要确定一下实验条件是否一致，以免在实验中产生误差。

取出一部分放在载片上，滴上碘化钾溶液的话……

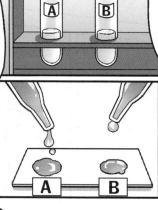

A

B

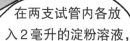

在两支试管内各放入2毫升的淀粉溶液，

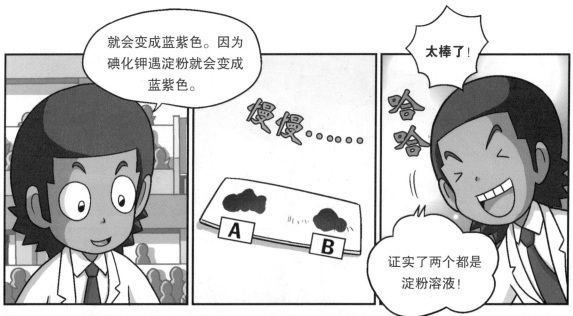

就会变成蓝紫色。因为碘化钾遇淀粉就会变成蓝紫色。

慢慢……

太棒了！

哈哈

证实了两个都是淀粉溶液！

那么，现在向C试管里滴入2毫升蒸馏水，

向D试管里滴入2毫升唾液稀释液。

滴　滴

然后将两支试管放入盛有40℃水的烧杯里。

哐啷哐啷

静置10分钟！

快看那儿！

哇啊啊啊

太神奇了！

哇

53

好，现在取出两支试管……

轻轻

看看有什么变化吧！和 10 分钟前一样，

利用碘化钾溶液来确认一下与淀粉发生的反应。

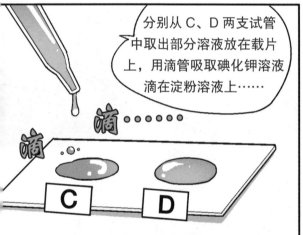

分别从 C、D 两支试管中取出部分溶液放在载片上，用滴管吸取碘化钾溶液滴在淀粉溶液上……

滴……

滴

C D

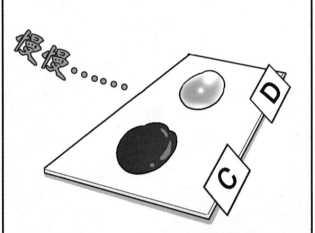

慢慢……

D

C

和之前的结果不一样吧？

好像是！

之前两个都变色了！

那么……

嘈杂

嘈杂

第一次实验时，两个都是纯淀粉溶液，两个都变色了，但第二次实验却出现了不同的结果。

两次实验的不同之处就在于蒸馏水和唾液！也就是说，掺入了唾液稀释液的淀粉溶液发生了变化。

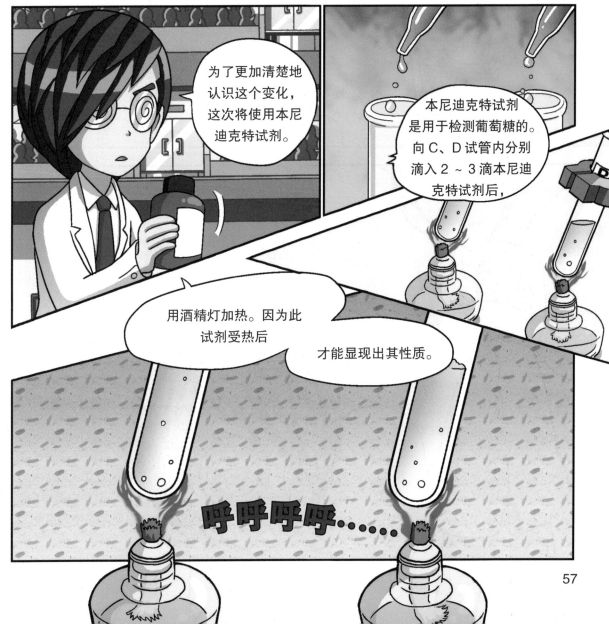

为了更加清楚地认识这个变化，这次将使用本尼迪克特试剂。

本尼迪克特试剂是用于检测葡萄糖的。向 C、D 试管内分别滴入 2 ～ 3 滴本尼迪克特试剂后，

用酒精灯加热。因为此试剂受热后

才能显现出其性质。

呼呼呼呼……

57

注 [1]：麦芽糖是指由两个葡萄糖分子连接形成的双糖。

59

改变世界的科学家——约翰·道尔顿

英国化学家、物理学家约翰·道尔顿是化学原子论的创始者，他对近代化学的发展做出了巨大的贡献。直到17世纪，化学还处于研究怎么用非金属炼金的状态，这种研究体系非常不完善，公众也并不认为化学属于科学领域。直到瑞士化学家帕拉塞尔苏斯提出了"不可能把非金属物质变成金属物质"的主张后，化学的研究方向才发生了改变。

©Wiki

约翰·道尔顿（1766—1844）
他不仅创立了原子论，而且在气体研究等许多领域留下了辉煌的成就。

后来，英国化学家波义耳提出"物质是由不能再被分解的、最简单的元素构成的"，他的这种"元素论"备受推崇。直到道尔顿提出了原子论，物质是由不连续的最小微粒"原子"组成这一观点才被大众接受。

道尔顿的原子论有四个假说：同一种元素的原子具有相同的大小、质量和性质；原子是不可再分的最小单位；一种原子不可能变成另外一种原子；化学反应只是原子的结合方式发生改变，原子的质量保持不变。后来，随着技术的发展，证明了原子是可以被再分割的，道尔顿的原子论假说除了第一条成立以外，其他三条均不成立。尽管如此，道尔顿创立了"原子"的概念，对以后关于原子的研究产生了巨大的影响。

名称	符号	名称	符号	名称	符号
氢	⊙	镁	◓	铜	Ⓒ
氮	⏀	钙	∾	铅	Ⓛ
碳	●	钠	⏀	银	Ⓢ
氧	○	钾	⫼	金	Ⓖ
硫	⊕	铁	Ⓘ	铂	Ⓟ
磷	⋀	锌	Ⓩ	汞	✺

道尔顿的元素符号 道尔顿把当时已知的元素用简单的符号进行了标记。

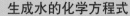

小鼠！马上准备一下，我要做实验！

G博士的实验室

博士，那张纸是什么？

这是邻村棒棒博士落下的化学方程式，我偷偷捡起来了。

这肯定是新的化学物质！

$N_2H_3O + CO_2 +$

可是连题目都没有啊！

没有也无所谓，只要有方程式就能做实验！

$N_2H_3O + CO_2 +$

东翻西找

奇怪，哪儿去了？

为庆典研制的"臭弹"化学方程式怎么不见了？

嘣嘣嘣嘣 嘣 嘣

棒棒博士！我不会放过你的！

臭死了！快吐了！

化学方程式指的用化学式表明化学反应开始状态和最终状态的式子。只要观察化学方程式，反应前后的变化就一目了然。

臭烘烘

臭烘烘

通过化学方程式，我们不仅可以了解反应物、生成物和反应条件，同时，通过相对分子质量（或相对原子质量）还可以表示各物质之间的质量关系，即各物质之间的质量比。

反应物与反应物之间用"+"号连接，写在等号的左边。

氢与氧反应生成水的化学方程式

$$2H_2 + O_2 \xrightarrow{\text{点燃}} 2H_2O$$

氢　　　氧　　　水

化学方程式中最重要的是等号，等号的右边写发生反应后的生成物质。

第三部

眼镜逆袭 1 号

漂亮

阴沉······

寻找柯老师

虽然早就料到大星小学会因为艾力克迟到被扣掉态度分，

但这分数实在低得超乎想象啊！

是啊……

为了维护比赛的公正性，在所有决赛结束之前，评审委员是不能接受采访的，所以具体原因我们也无从知晓，但是……

实验很成功，报告也很有水准，如此看来……

肯定有其他原因！

我无法接受！

分数实在是太荒唐了！

不然呢？难道对比赛成绩提出异议吗？

比赛场→

塔塔

塔塔

塔塔

那个……

迟到减分我无话可说，可是其他的项目也减了很多分，必须要给个理由！

有何不可？

是啊！真不明白为什么实验内容和报告的分数会那么低！

最起码应该知道为什么得了低分吧！

问题在于诠释主题！

顿住

比赛

75

在那边!

看到了!

嘀嘀

转身

沙沙沙

好险,差点儿被发现!

东找西找

还好我提前准备了一样东西!

范小宇牌潜望镜!

唰

哈,看见了!果然在打电话!

呵呵，我就知道这东西一定用得上！

嘻嘻

……

哭

可是，一点儿也听不见！

这点怎么没想到？

如此一来，岂不是什么消息都听不到了？

哐……

除非我有特异功能！

好的，那请转告他我马上去见他！

咦？听见了！

偷看……

呀！他要去哪儿？

嗒嗒嗒

躲藏

这到底是怎么回事啊？

嗒嗒嗒嗒

？

嗒嗒嗒

咔嗒

嗯……

翁隆隆……

啊？糟了！

翁翁翁翁

接

喂？

知道在哪儿了吗？

你是不是故意整我？

呼味 呼味 呼味 呼味 呼味

你慢慢说！

我现在……

正在骑自行车，

追校长的车……

嚓 嚓 嚓

嘞 嘞 嘞

不行了！

根本跟不上！

嚓

哐啷 哐啷 嗡隆隆……

你现在具体在什么位置？

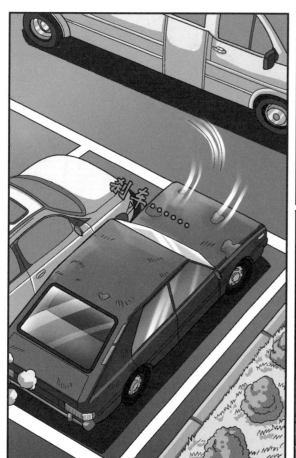

物质观的演变

　　人类一直对万物的产生原因、组成成分以及在地球上的存有量等进行不懈的探索，最终发现万物的构成元素是原子，原子又是由原子核和电子组成的。在发现这个真相之前，科学家们对于物质的认识经过了一系列的演变。

古代的物质观

　　古希腊哲学家泰勒斯主张"万物皆源于水"的单元素说，但不久，恩培多克勒提出了"万物源于土、水、火、气，将这四种物质混合即可形成新物质"的四根说。此后亚里士多德继续将四根说发扬光大，认为这四种元素具有冷、热、干、湿的性质，因此将这四种元素以不同的方式结合，就会生成新的物质。此外，亚里士多德还认为没有空无一物的空间。德谟克里特则提出了"原子论"，认为物质是由不可再分的原子组成的。同时，他认为虚空（即不存在）也是客观的，虚空是原子运动的场所。

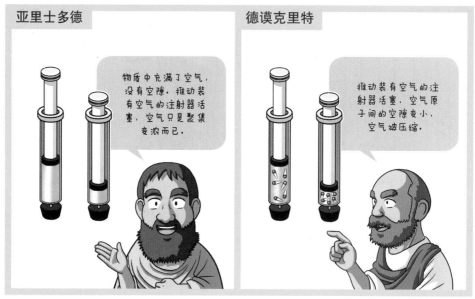

亚里士多德

物质中充满了空气，没有空隙，推动装有空气的注射器活塞，空气只是聚集变浓而已。

德谟克里特

推动装有空气的注射器活塞，空气原子间的空隙变小，空气被压缩。

中世纪的物质观

到了中世纪，在元素变换论的基础上，炼金术开始发展壮大起来。科学家们主张把构成物质的各元素按一定比例组合，就可以提炼出新的物质。此时，在希腊语中意为"火花"的"燃素"概念登上了历史的舞台。燃素说认为，燃烧是物质放出燃素，使空气填充进来的现象。但后来拉瓦锡证明，物质的燃烧是因为可燃物与氧发生了结合。

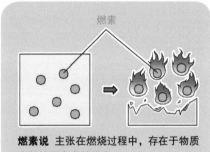

燃素

燃素说 主张在燃烧过程中，存在于物质内部的燃素会被排出。

近代的物质观

到了18世纪，约翰·道尔顿的原子论和阿伏伽德罗的分子论相继问世，建立了近代的物质观。原子论认为所有的物质都是由不可再分的原子构成，而化合物是两种以上的原子按照简单的整数比结合而成的。而分子论主张所有物质都是由两个或两个以上的原子结合成的分子构成的。后来，电子、原子核、同位素以及核分裂等的发现推翻了这些假说，演变成了现今的物质观。

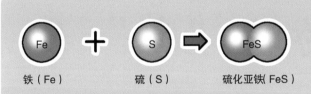

铁（Fe）　　　硫（S）　　　硫化亚铁（FeS）

原子说 主张所有的物质都是以原子的形态存在的，就像铁和硫生成硫化亚铁一样，化合物是原子按一定比例结合而成的。

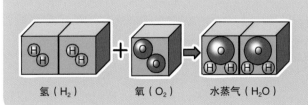

氢（H_2）　　　氧（O_2）　　　水蒸气（H_2O）

分子说 就像氢分子和氧分子结合形成水分子一样，所有物质的基本单位应该是由两个或两个以上的原子结合成的分子。

第四部

眼镜逆袭2号

黯淡······

帅气

坐轮椅的护"草"使者

练习室D

15 00

大星小学

啪

怎么会这样?

艾力克不在，连练习实验都
失败了……

因为你精力
不集中!

你知不知道你做实验的时
候一直在提艾力克?

发火

我哪有?

……

我一心只
想着实验好不好!

你的确像他说的那样！每5分钟提一次！

刚才田在远那家伙说的是真的吗？

他到底去做什么事啊？

该不会又迟到？

嗯

哈哈……

是……是吗？

那又怎么样？

难道你们一点儿都不好奇？冷血的家伙们！

当然……

好奇！

他是不是真把今天的比赛实验当儿戏了……

到底为什么会迟到，又为什么参赛……

是不是对咱们有一丝愧疚……

练习室

15 0

大星小

咱们到底是他的学生，
还是朋友……

回想起来，艾力克一直都是位好老师。

在咱们实验社陷入危机时，加入进来成为最重要的一员……

?

不过说真的，咱们对他却一无所知！

关于艾力克……

啊……

如果见到他，麻烦转告他士元在公共练习室等他，好吗？

......

嗯，好的。

哎哟，输的两支队伍还凑在一起开会啊？

可不是，人家在互相安慰嘛。

冒青筋

要好好努力呀！

期待你们下一次的败仗！

打击

好！走着瞧！我们绝不会再输！

下次比赛我们一定会赢！

哎哟，好好好，转告艾力克，让他那天至少别迟到！

哈哈

砰

哈哈……

那个……我继续去找人。

好，我们见到他的话一定转告。

呜呜呜呜

一步

一步

到底在哪儿呢？都没去做练习实验！

啊！

顿住

！！

难道……

去了柯老师以前的房间？

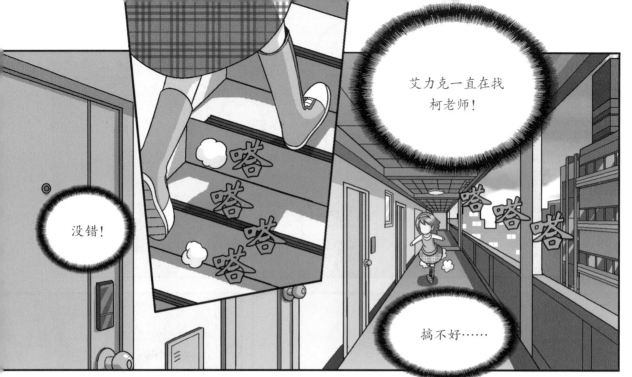

如果是的话，你白来了！我已经找遍了，可是……

什么也没有！

我还以为是谁呢！你也是来找线索的吧？

啊，那个……我是……

那个……

艾力克……

只有这个。

不是的，我是来找你的！

什么？

是的，士元在公共练习室等你。

江士元？

难道发现了什么线索？

不，不，不是的！

他有事想问你。

一哼，原来如此！

你会去吧？

有空儿的话！

开门

一定要去啊！

柯……

103

刚才进去的校长……

思考

你……你说的是哪一位？

我……我绝不是跟踪！

咬手指

啊，想起来了！

你说的是来找柯有学老师的老师吧？

没错，没错！就是柯老师！您认识我们老师啊？

连这里的研究员都不认识的话，还怎么当保安？

哈哈哈

稍等，我通报一声。

是研究一队的柯博士吧？又来客人了！

这回是学生！

好，知道了！

在哪层？从楼梯上去就行了吗？

咔嗒

105

没……没这人，回……回去吧！

结巴……

什么？

你刚说了柯有学老师就在这里的！

哈哈哈……

我……我……

什……什么时候说过呀？

这……这个名字头一次听说！

可你脸上写着"我在说谎"！

挖鼻孔

我说没有就没有！

反正，这里禁止外部人员进入！我说的那个博士可能不姓柯，而姓李！

怎么可能！

两个姓差距也太大了吧！

嗡嗡嗡

107

嘿!

……

奇怪，我为什么要躲起来啊？

真是做贼心虚啊！

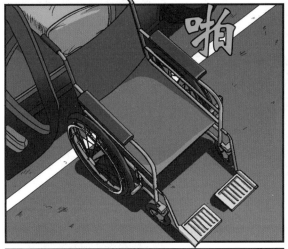

嗯？

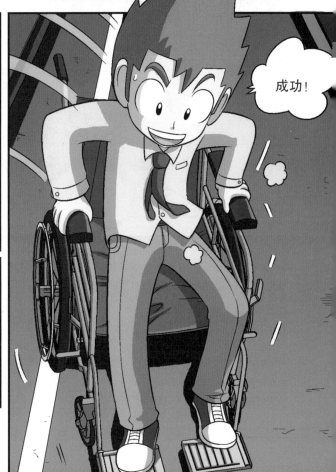

成功!

这是你的自行车？

嗯，是的！回去的时候还得骑呢，没坏吧？

我说，你是不是应该先向我道歉啊？

大哥，是你自己撞过来的好不好？

哎呀！原来是我把车停在人行道上了！

嘿嘿……

那个，刚才太急了，随便把车停这儿了。你没受伤吧？

知道错了就赶紧挪开自行车，我急着进去呢！

哈！哥哥是来找人的，还是这儿的研究人员？我是来看我们老师的！

柯有学老师！

可那保安不让我进！他真是有眼不识我这未来世界级科学家！

你知道这里有什么地方能偷偷溜进去吗？

我说，这里可是研究所！怎么可以私闯大楼呢？

悄悄

悄悄

悄悄

哈哈……

咔嗒

说得也是，毕竟是研究所，安保工作是放在首位的！

……

总之是我差点儿害你受伤，那就把你推到门口以表歉意吧！

哦？算你有良心。

骨碌

骨碌碌

当然啦！

呀嘿！

咯噔

咦，怎么走不动了？

哥哥，你可比看起来要重很多呀！

你可比看起来弱很多呀！

颤颤颤颤颤颤

找到了！

把笤帚把儿插入车轮下面，

固定好车轮后侧，向上撬……

原来是杠杆原理啊！没想到你还挺聪明！

阿基米德不是说过"只要有一根杠杆和一个支点，就能撬起地球"吗！

我数到三就会撬杠杆，

你推一下轮椅。

好！

一！二！

哈哈！搞定！

出来喽！

骨碌……

骨碌……

刺痛

哎哟！

你不愧是实验社的，够格！

还不是一般的实验社呢，是闯入决赛圈的实验社！

痛

可是……

你怎么知道我是实验社的？

你不是来找柯老师的吗？

柯老师不是实验社的指导教师吗！那你肯定就是他实验社的学生喽！其实，我曾经也是。

你也是？

怪不得第一眼见到你就觉得亲切呢！

哥哥，怎么才能见到柯老师呢？

保安说绝对不会放我进去的！

等一下！还是先拔了那个再说吧！

哎哟！

这根刺怎么这么长，好心疼我的血！

不用那么心疼，这种情况，血小板在随时待命呢！

出现伤口时，血小板会形成血栓，堵塞破损的伤口和血管，保护皮肤。

血小板的寿命大约是9至12天，在体内随时待命，当流血时就会被激活。

红细胞的寿命大约为120天，白细胞大约为两周左右。

经过一个周期就会完全更新。

所以，尽管看起来没什么分别，实际上今天的你和昨天的你肯定是不同的。

我的身体每天都在变化？

真不可思议！

发呆……

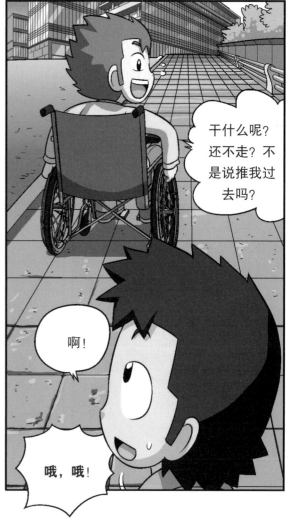

干什么呢？还不走？不是说推我过去吗？

啊！

哦，哦！

翁翁翁

敏博士，您来了？

是啊！

咦，你不是？

你是博士啊？

我没跟你说吗？

他为了帮我，手受了很重的伤。

可怜巴巴

必须带他进去处理一下才行。

可……可是，这个学生……

不用担心，我会看着办的。

嗒嗒嗒嗒

我说！

按

119

谢谢你了！

不过，你真的是博士吗？

不行！

呼，终于溜进来了！

难道是天才？看不出来啊！

这叫什么话啊，刚才我还尽力帮你来着……

什么天才啊，就是个研究员。

柯老师……

按三层！

啊！

加热分解碳酸氢钠

实验报告

实验主题	加热碳酸氢钠确认生成物质，并理解"分解"的概念。
实验用品	❶两支试管 ❷滴管 ❸两支玻璃管 ❹药匙 ❺碳酸氢钠 ❻石灰水 ❼铁架台 ❽橡胶管 ❾橡皮塞 ❿氯化亚钴试纸 ⓫酒精灯 ⓬三脚架 ⓭铁网 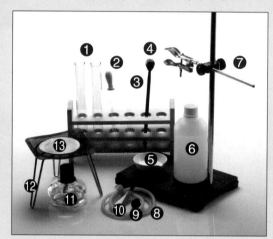
实验预期	碳酸氢钠受热分解会产生新物质。
注意事项	❶实验需要用到火，因此必须有监护人陪同。 ❷试管充分冷却后才能触摸。 ❸要塞紧试管口，避免气体逸出。 ❹将试管固定在铁架台时要试管口向下倾斜放置，以免碳酸氢钠受热产生的水倒流。

实验方法

❶将碳酸氢钠放入试管内，用插有玻璃管的橡皮塞塞紧试管口。

❷将试管固定于铁架台上，试管口略向下倾斜。

❸用滴管吸取石灰水，注入另一支试管内。

❹在装有石灰水的试管中放入另一根玻璃管，并把两支试管中的两根玻璃管用橡胶管连接起来。

❺用酒精灯加热装有碳酸氢钠的试管。

❻待试管冷却后打开橡皮塞，用氯化亚钴试纸蘸取凝聚在试管内壁的液体，并观察颜色变化。需要注意的是，氯化亚钴试纸必须充分干燥变为蓝色后方可使用。

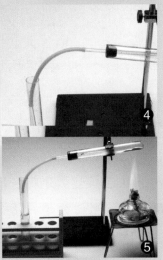

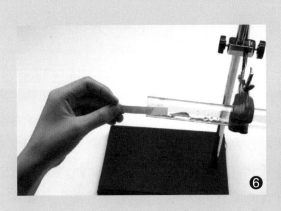

实验结果 1

碳酸氢钠受热分解出的气体使
澄清的石灰水变浑浊。

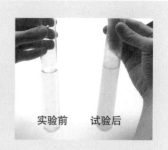

实验前　　试验后

实验结果 2

蓝色的氯化亚钴试纸变
成了淡红色。

实验结果 3

试管内残留了白色粉末。

这是什么原理呢？

　　由一种物质生成两种或两种以上其他物质的反应就叫作分解。分解的方法包括受热分解、催化分解、电解等等。这个实验是通过加热碳酸氢钠，激活分子的活性以切断分子间的结合，从而产生的分解反应。首先，通过石灰水遇二氧化碳变浑浊、氯化亚钴试纸遇水变红两个变化，可以得知生成物中有二氧化碳和水，而试管内残留的粉末则是碳酸氢钠受热分解出水和二氧化碳之后生成的碳酸钠粉末。

事已至此，只能接受

可以这么说，但并不是所有微生物都是有害的。

好了，到了。柯老师的研究室就是……

嗯？门关上了！

被……被关起来了！这声音是……

咳咳！

这就是传说中的……

毒气！

这是风淋房，二次消毒而已！

什么？凤梨什么？

柯老师在走廊尽头的那个研究室，

他一般会在那里。

老师就在那里？

嗯？

注 [1]：土壤细菌：寄生于土壤中的细菌，从中发现一类新抗生素，能杀死多重耐药菌。

听说，只要我们能把柯老师找回来，你就能让他恢复原职？

你们……

真找到老师了？

小宇刚刚打探到老师在哪儿。

在哪儿？

他还好吗？没出什么事吧？

他们在说老师什么的？

好像说的是黎明小学的指导教师。

艾力克和柯老师是什么关系？他怎么那么吃惊？

再听听应该就能知道了，不过，从刚才开始，就一直有些奇怪的声音！

你到底在小声嘀咕什么呢？

不是我！

那就是你啦？

也不是我！

142

143

所谓实验，就是把自己想证明的理论告知大家，至于如何告知，取决于个人的选择。因此，实验又像是一种"对话"。

啊？

小宇，你已经懂得这一点了！

您的意思是……

实验就像对话，做实验也就是在进行沟通！

这才是我想要教给你们的道理！

144

148

152

利用氧化还原反应的镀锌实验

实验报告

实验主题	利用氧化还原反应简单地给铜币镀锌，并了解其原理。
实验用品	❶氢氧化钠溶液 ❷烧杯 ❸锌粉 ❹镊子 ❺玻璃棒 ❻药匙 ❼铜币 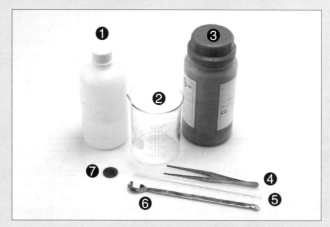
实验预期	铜币会被锌粉附着变成银色。
注意事项	❶注意不要吸入锌粉！ ❷氢氧化钠溶液具有高腐蚀性，请勿接触皮肤！ ❸从溶液中取出的铜币应清洗干净后方可触摸。 ❹实验过程请佩戴护目镜，并请家长或老师在旁协助。

实验方法

❶在烧杯内放入5克锌粉，倒入氢氧化钠溶液，使锌粉充分溶解。氢氧化钠溶液的浓度过低可能会导致实验失败，所以请使用高浓度的氢氧化钠溶液。

❷用镊子夹起铜币放入烧杯内。

❸当铜币变为银色时，用镊子取出并冲洗干净。

实验结果

将古铜色硬币放入锌粉和氢氧化钠的混合溶液中浸泡，硬币就会变成银色。

这是什么原理呢?

　　分子、原子或离子失去电子时发生氧化反应，得到电子时发生还原反应，氧化反应和还原反应是同时进行的。狭义上也可以根据物质是否与氧或氢结合来判断发生了氧化反应还是还原反应。锌和铜是氧化还原反应的典型代表物质。当锌遇到铜时，锌失去电子被氧化，而铜得到电子被还原。这个实验正是利用此原理，在氢氧化钠溶液中，被氧化的锌附着在铜币上，使铜币变为银色。

成长的痛苦

竟然下这样的黑手，他究竟想得到什么？

真是难以置信！小宇受伤，柯老师离去，这些全是某些人处心积虑策划的阴谋？

是想获得这次全国实验大赛的冠军！

什么？

国内现在有很多所小学，现在大家普遍认为设有实验社的小学教学质量也相对较高。

尤其是能在全国实验大赛中夺冠的学校，不仅可以直接获得世界奥林匹克实验竞赛的参赛资格，而且可以一跃登顶"第一名校"的宝座。

那也不能用这么卑鄙的手段吧！

没错，应该凭实力赢得光明磊落！

停⋯⋯⋯

你们还记得田在远说过的话吗?

他说，进入决赛圈的实验社实力相当，哪个学校都有可能夺冠！我想，因此才会有人在背后捣鬼吧！

告示

比赛日程

决赛第三

未来小学
VS
黎明小学

进入决赛圈的大部分实验社的实力都差不多。

唰 唰
唰 唰

从现在开始，比的就是"集中力"！只要瞬间失误，就会全盘皆输！

是啊！谁都想夺冠，没人想输！

未来小学
VS
黎明小学

后天就是决赛第三场了！

紧张⋯⋯⋯

160

下一场要迎战的还是未来小学……

小宇不是见到柯老师了吗？老师一定会回来的！

……

脚步沉重

是范小宇！

小宇！

塔塔

有好消息吗？柯老师呢？

162

明日比赛

时间：上午 11 点
地点：比赛场

未来小学

VS

我们回来了!

怎么回事?

你还在睡觉吗?

饭也没动过!

喂! 赶紧起来!

从早晨到现在什么也不吃,也不去练习室! 你到底怎么啦? 你倒是说句话呀!

我们也很伤心！

你打算一直这样消沉下去吗？柯老师的事，不止你一个人难过！

你们别管我了！

怎么能不管你！

难道你忘了，明天就是咱们的比赛！我是因为谁才走到今天的？

不是柯老师，也不是心怡，而是因为你！

因为是和你共同奋战……

168

真打算就
这样……

葬送明天的
比赛吗?

喂!

头痛

坐起

倒倒倒

开灯

呜呜呜

呜呜

惊悚

呜呜呜呜 呜呜呜呜……

什么声音?

呃

小宇的床

难道……

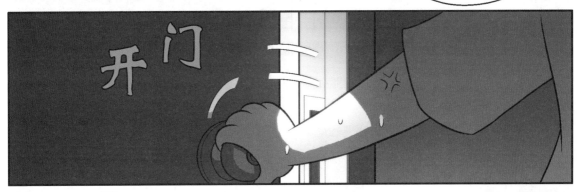

开门

呜呜呜呜……

吓……
吓我一跳!

你在干吗?

谁哭了？莫名其妙！闪开！

嗒嗒嗒

看不出来吗？睡不着，看书呢！

应该没看到我哭吧？

你……哭了？

你！

就那么害怕？老师不在，你就那么害怕比赛？

顿住

什么？

实验大赛是我们的比赛，不是老师的比赛！

我当然知道！

你现在被情绪所困，什么都做不了！

你不知道！

听我一句忠告，这个世界上没有什么是不变的！

一切都会变，包括你我！

难道每次遇到变化你都要像现在这样惧怕得瑟瑟发抖吗？不接受已经改变了的现实，宁愿变成缩头乌龟吗？

这样的话，你会一直是个被宠坏的孩子，永远不会长大！

……

你……你根本就不懂！

哗啦

我为什么会这样！

因为我……

惊醒

曾经当面说柯老师是胆小鬼！

说他胆小怕事，所以逃跑了！而且连我们也抛下不管了！

我说了这样的话！

......

哇哇哇

泣不成声

但柯老师一句话都没说！

您就是胆小怕事，所以抛下我们，就像当初抛下艾力克一样！

您就是胆小鬼！您应该查明事故发生的原因，怎么能一走了之呢？

我当时只是……

特别气愤，所以口不择言……

我的话肯定伤透了老师的心！

174

一直……

我是因为太懊悔了，

所以才一直……

小宇……

嗯……

我也明白，就像聪明说的，一定不能输掉明天的比赛！

哽咽……

哽咽……

我不想让老师觉得我是一个没用的徒弟！

因为柯老师一定在看着我们。

所以我才会选择一个人看书的！

这么难的书，你居然独自一人看……

哨

啊，好刺眼！

既然这样……

就该找对方法好好学！

嗯？

可是，现在已经很晚了……

那有什么关系？

从哪儿学起呢？就从今天练习过的实验开始吧！

我说，

你真看过这本书？

嗯！

177

真是太好了！
人声
决赛第三场
未来小学 VS 黎明小学
鼎沸
喧闹
沸腾
吵吵嚷嚷
决赛第三场终于要开始了，两个小学马上就要入场了！
哇
哇啊啊
是啊，今年实验大赛的关注度要高于往年，但没想到今天的气氛这么热烈！
今天的比赛现场真是难得一见的座无虚席啊！

不同了！

如今我们完成了蜕变！

所以，柯老师，请拭目以待吧！

首先，呈碱性的、浓度为 2% 的氢氧化钠溶液，

和呈酸性的、浓度为 2% 的盐酸溶液各准备 10 毫升。

向浓度为 2% 的氢氧化钠溶液中滴入酚酞试液，酚酞试液遇碱会变红，

如果再滴入呈酸性的、浓度为 2% 的盐酸溶液，溶液就会变成中性。

这就是中和反应！

这时变红的溶液由于发生中和反应，红色消失，逐渐趋于无色。

书中人物的实验器材操作动作仅作为艺术处理，而非教学示范。规范的实验器材操作请在专业人士指导下完成。

物质的变化

所有的物质随着时间的流逝都会由于内因或外因而发生变化。如果物质只发生了形态的改变，就称为"物理变化"；如果发生了性质的改变，就称为"化学变化"。下面我们就来认识一下这两种变化，深入地观察一下两者的典型现象吧！

物理变化

物理变化就是指物质的化学成分没有发生变化，只是状态发生了变化的现象。也就是说，尽管表面上看起来物质的模样发生了变化，但实际上性质并未发生改变。物理变化的典型现象有状态变化、扩散以及溶解。状态变化是指物质受到外界因素影响，状态在固态、液态、气态之间互相转变的变化；扩散指的是受浓度差或温度差的影响，构成物质的粒子由高浓度（高密度）向低浓度（低密度）区转移直至达到平衡的现象；溶解就像将盐溶于水一样，是将溶质均匀地分散于溶剂中的现象。

物理变化的典型现象之状态变化

化学变化

化学变化是指构成物质的原子进行重新排列，产生了与原物质完全不同的新物质的现象。化学变化的典型现象有化合、分解、置换等。化合是指由两种或两种以上物质结合成新物质的反应；分解是指由一种物质分化成两种或两种以上物质的反应；置换是指反应前的化合物中的原子或离子等被替换的现象。从燃烧、氧化还原、热分解以及电解等反应中都可以观察到化学变化。

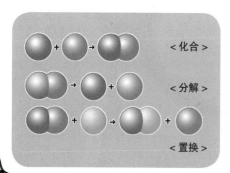

<化合>

<分解>

<置换>

消化作用

　　人类在摄取食物后，为了使食物中含有的营养素易于被人体吸收，需要经历一个分解食物的"消化"过程。消化的过程是在消化系统中进行的，包括机械性消化和化学性消化。机械性消化是指把食物进行粉碎，使其与消化液混合并运送到其他消化器官的过程；化学性消化是指利用胃液等消化液对食物进行化学分解的过程。下面我们就一起来看看消化系统是怎样工作的吧！

消化系统的组成

　　消化系统包括口腔、食管、胃、小肠、大肠等。在口腔里，食物被牙齿磨碎，唾液中的淀粉酶会分解食物中的淀粉。然后，食物会通过食管进入胃里，胃液会分解食物中的蛋白质。在小肠的第一段——十二指肠中，食物与胆汁和胰液混合，然后所有被分解的营养素会被小肠吸收。最后，大肠负责吸收水分，剩下不能分解的残渣形成粪便被排出体外。

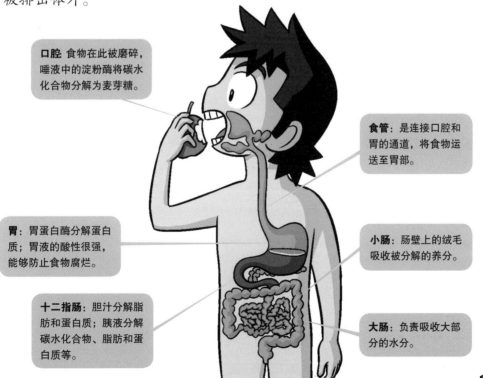

口腔 食物在此被磨碎，唾液中的淀粉酶将碳水化合物分解为麦芽糖。

食管：是连接口腔和胃的通道，将食物运送至胃部。

胃：胃蛋白酶分解蛋白质；胃液的酸性很强，能够防止食物腐烂。

小肠：肠壁上的绒毛吸收被分解的养分。

十二指肠：胆汁分解脂肪和蛋白质；胰液分解碳水化合物、脂肪和蛋白质等。

大肠：负责吸收大部分的水分。

图书在版编目（CIP）数据

氧化与还原/韩国故事工厂著；（韩）弘钟贤绘；霍慧译. 一南昌：二十一世纪出版社集团，2018.11（2024.2重印）

（我的第一本科学漫画书. 科学实验王：升级版；21）

ISBN 978-7-5568-3837-0

Ⅰ. ①氧… Ⅱ. ①韩… ②弘… ③霍… Ⅲ. ①氧化与还原－少儿读物 Ⅳ. ①0621.25-49

中国版本图书馆CIP数据核字(2018)第234016号

내일은 실험왕21 -변화의 대결
Text Copyright © 2012 by Story a.
Illustrations Copyright © 2012 by Hong Jong-Hyun
Simplified Chinese translation copyright © 2015 by 21st Century Publishing House
This translation was published by arrangement with Mirae N Co., Ltd.(I-seum)
through jin yong song.
All rights reserved.

版权合同登记号：14-2013-247

我的第一本科学漫画书

科学实验王升级版㉑氧化与还原　　[韩] 故事工厂/著　[韩] 弘钟贤/绘　霍 慧/译

责任编辑	周　游
特约编辑	任　凭
排版制作	北京索彼文化传播中心
出版发行	二十一世纪出版社集团（江西省南昌市子安路75号　330025）
	www.21cccc.com（网址）　cc21@163.net（邮箱）
出 版 人	刘凯军
经　　销	全国各地书店
印　　刷	南昌市印刷十二厂有限公司
版　　次	2018年11月第1版　2024年2月第7次印刷
印　　数	55001～60000册
开　　本	787mm×1060mm 1/16
印　　张	12
书　　号	ISBN 978-7-5568-3837-0
定　　价	35.00元

赣版权登字-04-2018-419
版权所有，侵权必究
购买本社图书，如有问题请联系我们：扫描封底二维码进入官方服务号。服务电话：010-64462163（工作时间可拨打）；服务邮箱：21sjcbs@21cccc.com。